JIANZHU SHIGONG GAOCHU ZHUILUO
YUFANG CUOSHI TUJI

建筑施工高处坠落
预防措施图集

江苏省住房和城乡建设厅　**组织编写**

中国建筑工业出版社

图书在版编目（CIP）数据

建筑施工高处坠落预防措施图集 / 江苏省住房和城乡建设厅组织编写 . -- 北京：中国建筑工业出版社，2024.8 -- ISBN 978-7-112-30235-2

Ⅰ. TU744-64

中国国家版本馆 CIP 数据核字第 20241AG063 号

责任编辑：王华月　张　磊
责任校对：赵　力

本图集以高处坠落（包含高空坠物、机械设备倾覆）预防为出发点，结合中建三局集团有限公司、中天建设集团有限公司、中铁四局集团有限公司、中建八局第三建设有限公司、中建安装集团南京建设有限公司在项目实践积累的宝贵经验，力争做到与时俱进，不断创新。

本图集仅作为建筑工程施工过程中预防高处坠落措施参考做法。建筑工程项目应编制预防高处坠落专项方案，涉及安全带系挂点、实体防护，方案中应明确设置方式、材料类型及受力计算书。

建筑施工高处坠落预防措施图集

江苏省住房和城乡建设厅　组织编写

*

中国建筑工业出版社出版、发行（北京海淀三里河路9号）
各地新华书店、建筑书店经销
北京光大印艺文化发展有限公司制版
北京京华铭诚工贸有限公司印刷

*

开本：787毫米×1092毫米　横1/16　印张：4½　字数：81千字
2024年9月第一版　　2024年9月第一次印刷
定价：**45.00**元

ISBN 978-7-112-30235-2

（43558）

前言 FOREWORD

为贯彻落实"安全第一、预防为主、综合治理"的方针，压实参建各方安全生产主体责任，进一步规范和加强江苏省房屋市政、轨道交通工程高处作业施工安全，有效遏制事故发生，切实保障从业人员的生命安全，江苏省住房和城乡建设厅组织相关专业人员编制了《建筑施工高处坠落预防措施图集》。

本图集以高处坠落（包含高空坠物、机械设备倾覆）预防为出发点，结合中建三局集团有限公司、中天建设集团有限公司、中铁四局集团有限公司、中建八局第三建设有限公司、中建安装集团南京建设有限公司在项目实践积累的宝贵经验，力争做到与时俱进，不断创新。

相关管理要求：本图集仅作为建筑工程施工过程中预防高处坠落措施参考做法。建筑工程项目应编制预防高处坠落专项方案，涉及安全带系挂点、实体防护，方案中应明确设置方式、材料类型及受力计算书。

主编单位： 江苏省住房和城乡建设厅

参编单位： 江苏省建筑行业协会建筑安全设备管理分会
中建三局集团有限公司
中天建设集团有限公司
中铁四局集团有限公司
中建八局第三建设有限公司
中建安装集团南京建设有限公司

主要起草人： 蒋惠明　夏　亮　张并锐　柳海洋　王炎伟
徐　驰　陆志远　余健平　郭太勇　于　伟
刘进召　薛海涛　周友荣　贾洪跃　高　健
张建辉　熊新华　郑凯强　程靖靖　刘云平
晏庆梦　张梓雲　徐志凯

目录 CONTENTS

第 1 章
地基与基础施工阶段

1.1 桩孔防护

防高坠场景	桩孔附近作业、人员行走
存在风险	桩孔无防护或防护不严密，易导致高处坠落
预防措施	1. 桩孔设置定型化或钢筋网片水平防护，桩孔周边设置钢管或定型化竖向防护； 2. 对作业人员做好桩孔位置安全技术交底、警示教育； 3. 设置警示标识

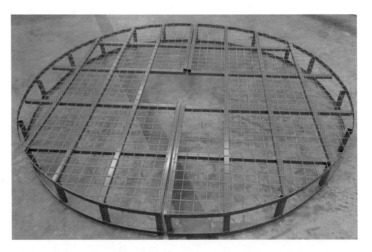

桩孔防护

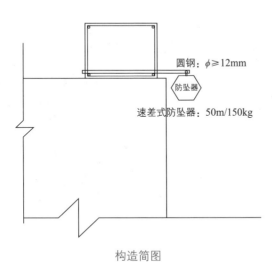

圆钢：$\phi \geq 12mm$

防坠器

速差式防坠器：50m/150kg

构造简图

端部连接方式

垂直生命线

防高坠场景	无可靠上下通道
存在风险	人员上下通道无安全措施，易导致高处坠落
预防措施	1. 在护圈混凝土施工时，提前预埋圆钢作为防坠器的悬挂点，利用防坠器吊绳作为垂直生命线； 2. 预埋悬挂点和护圈钢筋应焊接牢靠，投入使用前应确保混凝土强度满足要求并检查防坠器的有效性、吊绳磨损程度等，使用前进行验收；单个防坠器使用不得超过1人；应设置牵引绳避免防坠器长时间处于工作状态； 3. 对使用人员做好安全技术交底、警示教育

1.3 泥浆池防护

防高坠场景	临边作业
存在风险	防护不到位,易导致高处坠落、溺水
预防措施	1. 泥浆池周边设置钢管或定型化防护; 2. 对作业人员做好安全技术交底、警示教育; 3. 设置警示标识

泥浆池钢管防护

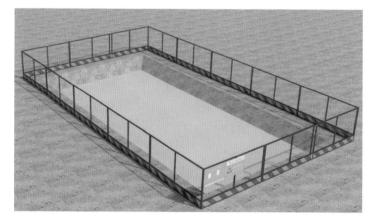

泥浆池定型化防护

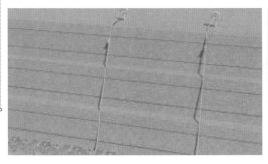

边坡竖向生命绳

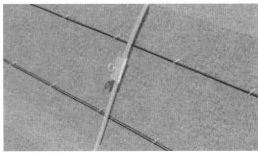

安全带自锁器

安全绳：宜锦纶安全绳：$\phi \geqslant 16mm$

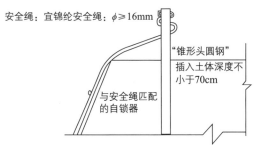

构造简图

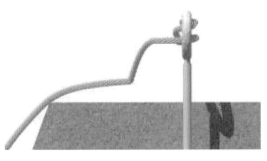

端部构造简图

防高坠场景	边坡攀爬作业
存在风险	无可靠安全带系挂点，易导致高处坠落
预防措施	1. 在边坡顶部使用"锥形头圆钢"等材料插入土体作为可靠栓点，深度不小于70cm，拉设安全绳形成竖向生命线； 2. 每根竖向生命线应独立设置且系挂不超过1人； 3. 对使用人员做好安全技术交底、警示教育

防高坠场景	临边作业、人员行走
存在风险	无可靠安全带系挂点，易导致高处坠落
预防措施	1. 在内支撑梁混凝土浇筑前设置钢筋预埋件，浇筑完成后焊接槽钢立柱，立柱上设置圆钢拉结件，依次连接花篮螺栓、钢丝绳，形成水平生命线； 2. 钢筋预埋件与钢板，钢板与立柱应采取满焊的方式进行焊接；使用前应进行验收，每道生命线不得超过2人共同使用； 3. 对使用人员做好安全技术交底、警示教育

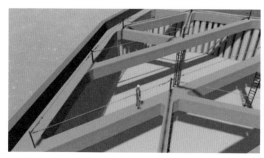

内支撑梁水平生命线

安全带系挂

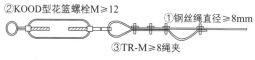

②KOOD型花篮螺栓M≥12　　①钢丝绳直径≥8mm
③TR-M≥8绳夹

构造简图

端部连接方式

内支撑钢管防护

内支撑定型化防护

防高坠场景	临边作业、人员行走
存在风险	支撑梁无防护或防护不严密，易导致高处坠落
预防措施	1. 支撑梁防护栏杆明确实施部位，土方开挖前实施完成； 2. 对作业人员做好安全技术交底、警示教育； 3. 设置警示标识

1.7 基坑临边水平生命线

防高坠场景	临边防护设施搭设作业
存在风险	无可靠安全带系挂点，易导致高处坠落
预防措施	1. 作业人员按要求正确佩戴个体防护用品； 2. 在基坑临边安装安全绳作为安全带系挂点； 3. 对作业人员做好安全技术交底、警示教育

基坑临边水平生命线效果图

立柱安装示意图

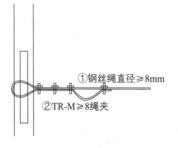

①钢丝绳直径≥8mm
②TR-M≥8绳夹

构造简图

钢丝绳连接示意图

基坑临边钢管防护

基坑临边定型化防护

防高坠场景	临边作业、人员行走
存在风险	无防护或防护不严密，易导致高处坠落
预防措施	1. 土方开挖前实施完成，明确搭设标准并组织验收； 2. 对作业人员做好安全技术交底、警示教育； 3. 设置警示标识

1.9 基坑安全通道

防高坠场景	人员行走
存在风险	通道搭设不合格或无安全通道，易导致高处坠落
预防措施	1. 根据分区或基坑面积合理设置基坑安全通道，编制专项方案，确保基坑通道稳固可靠，使用前组织验收； 2. 对作业人员做好安全技术交底、警示教育； 3. 设置警示标识

基坑安全通道

"坑中坑"安全防护　　　　　　　　　　　　"坑中坑"定型化爬梯

防高坠场景	"坑中坑"作业
存在风险	无可靠安全通道或无临边防护，易导致高处坠落
预防措施	1.基坑局部位置使用带护笼定型化爬梯，"坑中坑"搭设临边防护； 2.对作业人员做好安全技术交底、警示教育； 3.设置警示标识

第 2 章
主体结构施工阶段

防高坠场景	主体结构标准层面积较大，分段施工或地库顶板分块施工时产生的临时高差
存在风险	临时高差作业（地库结构分段施工、后浇带、主体结构分段施工）无可靠临边防护，易导致高处坠落
预防措施	1. 利用铝模与定型化防护栏杆连接作为临边防护（木模时可采用单排钢管作为防护），验收合格后方可开展施工作业； 2. 对安装、作业人员做好安全技术交底、警示教育； 3. 防护安装时开展旁站监管、隔离警戒

临边防护

后浇带临边防护　　　　　　　主体结构分段施工断面临边防护

模板支架搭设安全带系挂点

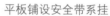

平板铺设安全带系挂

首层首步挂设水平兜网

防高坠场景	模版支架搭设与拆除、平板铺设时登高作业
存在风险	无可靠安全带系挂点，易导致高处坠落
预防措施	1. 模版支架搭设时利用立杆设置可靠安全带系挂点，平板铺设时利用两侧外架设置安全绳，首层首步挂设水平兜网（架体高度超过 5m）； 2. 对作业人员做好安全技术交底、警示教育； 3. 危险作业审批（高支模）、旁站监管、隔离警戒并设置警示标识

2.3　竖向结构登高作业防护

防高坠场景	支模、钢筋绑扎（如剪力墙、柱）、合模、修补等过程中登高作业
存在风险	无可靠操作平台，易导致高处坠落
预防措施	1. 按方案设置可靠登高平台，验收合格后投入使用； 2. 严禁使用自制木制梯、木制凳等登高工具； 3. 使用行走式登高作业平台时，必须按方案设置斜撑，锁定轮子和支腿固定后方可作业，人员离开平台后，方可移动作业平台； 4. 对作业人员做好安全技术交底、警示教育； 5. 登高作业时开展旁站监管、隔离警戒并设置警示标识

登高作业平台（定型化产品）

三角支撑平台（定型化平台）

电梯井预埋钢筋网片

电梯井洞口防护

防高坠场景	电梯井内支模、拆模、竖向钢筋绑扎作业
存在风险	无可靠操作平台，易导致高处坠落
预防措施	1. 采用定型化平台，集安全防护和操作一体化功能； 2. 预埋钢筋网片，作为水平防护； 3. 采用定型化电梯井口水平防护； 4. 对作业人员做好安全技术交底、警示教育

防高坠场景	电梯井层间硬隔离安装、拆除作业、电梯井防护门安拆
存在风险	无可靠安全带系挂点，易导致高处坠落
预防措施	1. 采用便携式自动卡扣等安全带系挂点进行作业； 2. 对作业人员做好安全技术交底、警示教育； 3. 设置警示标识

自动卡扣式安全带系挂点

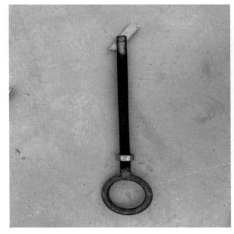

安全带应用

PC 楼梯间人员行走及作业平台

现浇楼梯间临边防护 　　利用铝模固定措施

防高坠场景	PC 楼梯间吊装前无可靠作业平台或现浇楼梯间安全防护栏杆安装滞后
存在风险	1. PC 楼梯间人员上下作业面无可靠通道，易导致高处坠落、滑倒摔伤； 2. 现浇作业面楼梯间防护安装不及时，易导致高处坠落
预防措施	1. 采用定型化 PC 楼梯间作业平台，验收合格后投入使用； 2. 现浇楼梯间及时在铝模上安装临边防护； 3. 对作业人员做好安全技术交底、警示教育； 4. 设置警示标识

2.7 预制构件安装防护

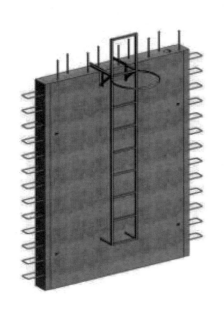 

PC 预制构件吊装登高施工机具

防高坠场景	PC 预制构件安装作业
存在风险	在剪力墙安装过程中无可靠攀爬工具，易导致高处坠落
预防措施	1. 采用定型化 PC 吊装登高工具，验收合格后投入使用； 2. 对作业人员做好安全技术交底、警示教育； 3. 施工过程中安排专人旁站监管

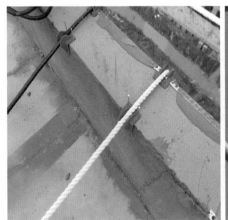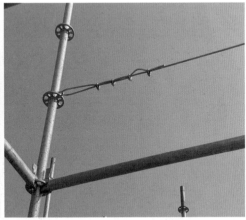

安全绳细部节点

安全绳（应用）

防高坠场景	脚手架搭拆作业
存在风险	无可靠安全绳系挂点，易导致高处坠落
预防措施	1. 在外架安装安全母绳，工人利用安全绳系挂安全带； 2. 设置环形生命绳，并确保防坠落措施齐全有效； 3. 对作业人员做好安全技术交底、警示教育； 4. 危险作业审批、旁站监管、隔离警戒并设置警示标识

2.9 外架与主体结构间防护

层间封闭（钢管脚手架）   层间隔离（附着式升降脚手架）

防高坠场景	外架与主体结构间间隙过大
存在风险	无可靠安全防护措施，易导致高处坠落、物体打击
预防措施	1. 根据楼栋施工进度每 3 层或高度不大于 10m 处，及时在各施工楼栋的架体与结构间设置至少一道安全平网； 2. 对作业人员做好安全技术交底、警示教育； 3. 危险作业审批、旁站监管、隔离警戒并设置警示标识

可调节式固定卡扣

悬挑层底部硬质隔离防护

防高坠场景	悬挑脚手架工字钢上立杆搭固定及底部硬隔离防护
存在风险	1.立杆固定时（防止立杆移位）高处电焊作业，易导致高处坠落、物体打击、火灾； 2.悬挑层底部未及时进行硬隔离防护，导致高处坠落或物体打击
预防措施	1.采用可调节式固定卡扣作为外架立管固定装置，减少高处电焊作业； 2.悬挑层斜拉杆或钢丝绳拉设结束后，应立即施工首层硬隔离防护； 3.对架子工做好安全技术交底、警示教育； 4.外架下方设置警示隔离区

防高坠场景	悬挑脚手架工字钢、斜拉杆（钢丝绳）安装、拆除
存在风险	无可靠安全带系挂点，易导致高处坠落、物体打击
预防措施	1. 设置安全绳或便携式自动卡扣式安全带及系挂点，验收合格后方可作业； 2. 对作业人员做好安全技术交底、警示教育； 3. 危险作业审批、旁站监管、隔离警戒并设置警示标识

 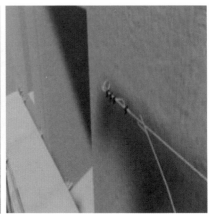

自动卡扣式安全带系挂点　　　　　　钢丝绳使用

悬挑脚手架工字钢拆除中安全带应用

安全绳设置及安全带系挂

拼装、安拆作业

维保作业安全带应用

防高坠场景	附着式升降脚手架安拆、维保作业
存在风险	无可靠安全带系挂点，易导致高处坠落
预防措施	1. 利用爬架主背楞设置安全绳，便于安全带系挂； 2. 对作业人员做好安全技术交底、警示教育； 3. 危险作业审批、旁站监管、隔离警戒并设置警示标识

2.13　建筑物临边作业

防高坠场景	阳台、外窗、外挑板等临边作业
存在风险	标准层爬架提升或外架拆除后，人员临边作业无可靠防护措施，易导致高处坠落
预防措施	1. 提前进行施工策划，尽可能在附着式升降脚手架提升前、外架拆除前进行外立面零星工程施工，减少后续临边作业； 2. 根据具体作业场景，选择使用预埋套筒式、自动卡扣式、夹具式、穿墙螺杆洞式安全带系挂点； 3. 采用预埋套筒式安全带系挂点的，应提前做好识别，并在主体施工时进行预埋； 4. 对作业人员做好安全技术交底、警示教育

预埋套筒式安全带系挂点

自动卡扣式安全带系挂点

夹具式安全带系挂点

穿螺杆洞式安全带系挂点

预埋套筒式安全带系挂

夹具式安全带系挂

四类定型化安全带系挂点产品及应用场景

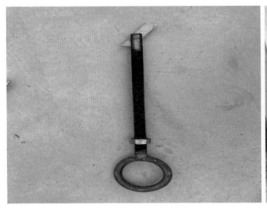

自动卡扣式安全带系挂 操作现场

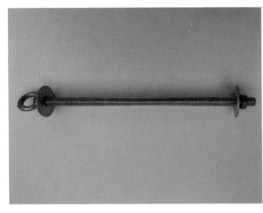

穿墙螺杆洞式安全带系挂点 安全母绳

四类定型化安全带系挂点产品及应用场景

洞口采用钢筋预埋

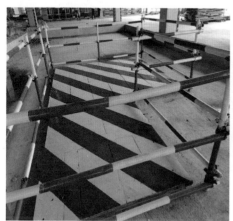

预留洞口硬质隔离　　　　　　　　　烟道、传料口翻板

防高坠场景	烟道、传料口、管井、采光井等周边作业
存在风险	无可靠安全防护措施，易导致高处坠落
预防措施	1. 采光井、电梯井主体结构施工时预埋双向钢筋网片； 2. 预留洞口采用定型化翻板，周转使用； 3. 预留洞口采用模板＋方木做法，形成硬质隔离； 4. 当洞口尺寸短边大于50cm时，洞口四周加1.2m钢管防护栏杆

2.15 建筑物周边坠落半径内作业防护

总平隔离防护

主楼坠落半径防护

防高坠场景	人员在建筑物坠落半径内作业
存在风险	建筑物掉落物品，易导致物体打击
预防措施	在施工现场根据平面布置设置防坠区（坠落半径应符合现行国家标准《高处作业分级》GB/T 3608）、安全通道

定型化操作平台

上下通道

速差式防坠器

防高坠场景	人员上下攀爬作业
存在风险	无可靠操作平台、上下通道，易导致高处坠落
预防措施	1. 设置定型化操作平台； 2. 设置人员上下专用通道； 3. 设置生命线，便于系挂安全带； 4. 配备速差防坠器

2.17　钢结构水平作业面施工

2.17.1　人员在钢梁上作业

防高坠场景	人员在钢梁上作业
存在风险	无可靠安全带系挂点，易导致高处坠落
预防措施	1. 使用夹具在钢梁上设置立杆，架设安全绳； 2. 对作业人员做好安全技术交底、警示教育

钢结构钢梁预设水平生命线

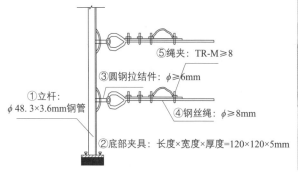

①立杆：ϕ48.3×3.6mm钢管
②底部夹具：长度×宽度×厚度=120×120×5mm
③圆钢拉结件：ϕ≥6mm
④钢丝绳：ϕ≥8mm
⑤绳夹：TR-M≥8

构造简图

底部夹具

钢结构底部满挂水平兜网

安全网挂钩

防坠落试验

防高坠场景	人员在钢结构上作业
存在风险	无可靠安全防护措施，易导致高处坠落
预防措施	1. 钢结构深化设计阶段完成安全网挂钩设计，现场主钢梁焊接完成后在钢结构底部满挂水平兜网，并做防坠落试验； 2. 对作业人员做好安全技术交底、警示教育

防高坠场景	盖梁垫石施工作业
存在风险	无可靠安全带系挂点，易导致高处坠落
预防措施	1. 在盖梁上安装安全绳作为安全带系挂点； 2. 对作业人员做好安全技术交底、警示教育

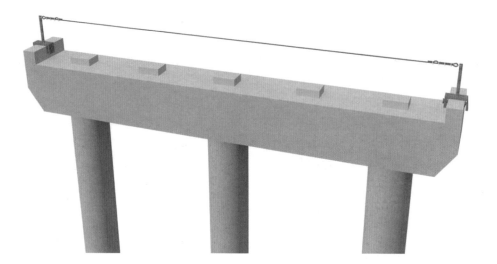

盖梁垫石施工作业水平生命线效果图

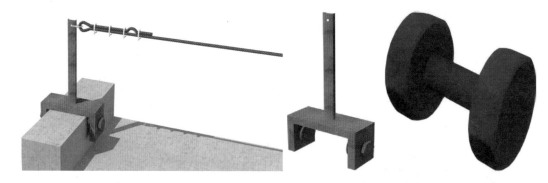

端头细节示意图   定制夹具细节示意图

横隔板作业垂直挂篮

挂篮使用挂示意图

防高坠场景	横隔板及湿接缝作业
存在风险	无可靠操作平台，易导致高处坠落
预防措施	1. 设置定型化操作平台，并配备速差防坠器； 2. 安全带系挂在结构钢筋或生命线（安全绳）上，禁止系挂在操作平台； 3. 对作业人员做好安全技术交底、警示教育； 4. 作业下方应设立警示区，设置警示标识

2.20 盖梁二次张拉高处作业防坠措施

防高坠场景	张拉高处作业
存在风险	无可靠操作平台，易导致高处坠落
预防措施	1. 设置定型化操作平台（张拉平台），并配备速差防坠器； 2. 安全带系挂在结构钢筋或生命线（安全绳）上，禁止系挂在操作平台； 3. 对作业人员做好安全技术交底、警示教育； 4. 作业下方应设立警示区，设置警示标识

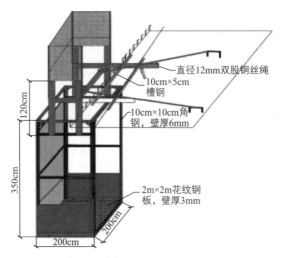

张拉平台示意图

挂篮使用示意图

梁板安装作业垂直生命线效果图

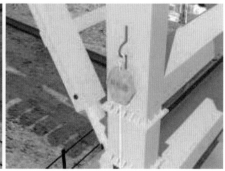

预留环和防坠器连接示意图

防高坠场景	梁板安装作业
存在风险	无可靠安全带系挂点，易导致高处坠落
预防措施	1. 使用前应检查防坠器的有效性、吊绳磨损程度，并进行验收； 2. 单个防坠器使用不得超过1人； 3. 对作业人员做好安全技术交底、警示教育； 4. 作业下方应设立警示区，设置警示标识

第 3 章
装饰装修施工阶段

3.1 二次结构临边、洞口作业拉设生命线

3.1.1 使用膨胀螺栓

防高坠场景	二次结构临边、洞口作业
存在风险	无可靠安全带系挂点，易导致高处坠落
预防措施	1. 将闭圈式吊环膨胀螺栓锚固于墙柱上，在两个吊环之间设置安全绳形成水平生命线； 2. 应在有安全防护措施的情况下设置水平生命线系统，使用前应进行验收，每道生命线不得超过 2 人共同使用； 3. 水平生命线应固定牢靠； 4. 对作业人员做好安全技术交底、警示教育

膨胀螺栓锚固方式设置生命线效果图

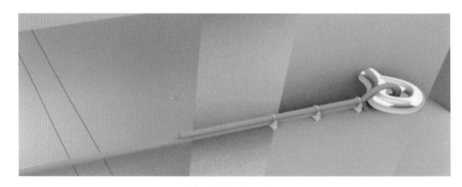

端部连接方式示意图

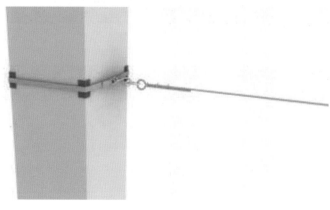

使用扁平吊装带设置生命线效果图

使用扁平吊装带设置生命线效果图

3.1.2　使用扁平吊装带

防高坠场景	二次结构临边、洞口作业
存在风险	无可靠安全带系挂点，易导致高处坠落
预防措施	1. 将扁平吊装带牢固捆绑于框架柱，通过扁平吊装带末端环眼拉设钢丝绳形成水平生命线； 2. 应在有安全防护措施的情况下设置水平生命线，使用前应进行验收，每道生命线不得超过 2 人共同使用； 3. 对作业人员做好安全技术交底、警示教育

第 3 章　装饰装修施工阶段 •

3.2 登高作业

3.2.1 使用定型化人字梯

定型化人字梯（√）   自制人字梯（×）

防高坠场景	室内外登高作业
存在风险	无可靠操作工具，易导致高处坠落
预防措施	1. 使用定型化人字梯，严禁使用自制人字梯； 2. 确保底部基础稳固，不发生倾覆； 3. 人字梯应 2 人配合使用； 4. 作业人员应正确使用安全带

定型化马凳   自制马凳

防高坠场景	室内外登高作业
存在风险	无可靠操作工具，易导致高处坠落
预防措施	1. 使用定型化马凳，严禁使用自制马凳； 2. 验收合格后使用； 3. 确保底部基础稳固，不发生倾覆； 4. 临边作业人员应正确使用安全带

防高坠场景	斜屋面工程装饰工程作业（如防水卷材铺贴、瓦片安装等）
存在风险	无可靠安全带系挂点，易导致高处坠落
预防措施	1. 主体结构浇筑时预埋 U 形环（优先选择）或后期设置膨胀螺栓作为安全绳系挂点； 2. 对作业人员做好安全技术交底、警示教育

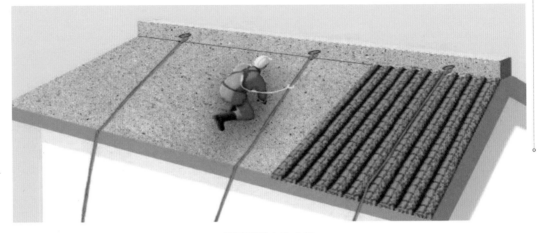

斜屋面竖向生命绳

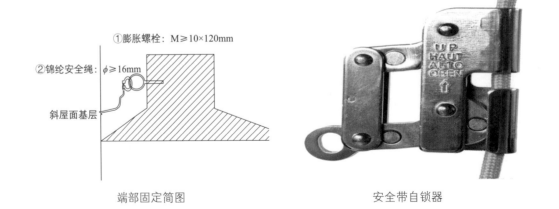

①膨胀螺栓：M≥10×120mm

②锦纶安全绳：φ≥16mm

斜屋面基层

端部固定简图

安全带自锁器

登高作业架、挂设安全带

防高坠场景	吊篮安拆、移位、检修（屋面临空、临边作业）
存在风险	人员无可靠操作平台，易导致高处坠落
预防措施	1. 吊篮安装时设置安全绳； 2. 使用定型化登高架时，作业人员正确使用安全带； 3. 对作业人员做好安全技术交底、警示教育

3.5 吊篮作业防护

3.5.1 吊篮内作业

防高坠场景	吊篮内作业
存在风险	无可靠安全带系挂点，易导致高处坠落
预防措施	1. 吊篮作业下方设置隔离警戒区，每个吊篮设置2条安全绳，人员正确使用安全带； 2. 对作业人员做好安全技术交底、警示教育； 3. 施工过程中加强安全巡查

安全带系挂

吊篮作业区采用隔离围挡封闭

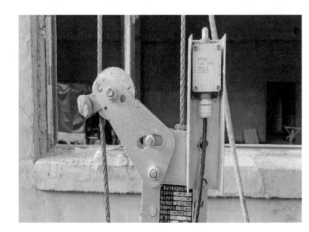

安全绳防磨损装置　　　　　　　配重使用护套盒

上限位使用 U 形防护板

3.5.2　吊篮作业

防高坠场景	吊篮作业
存在风险	吊篮安全装置易损坏或防护效果不佳，易导致高处坠落
预防措施	1.针对吊篮原有安全装置进行加强保护，安全绳设置定型化防磨损装置，配重使用护套盒，上限位使用U形槽防护； 2.对作业人员做好安全技术交底、警示教育； 3.加强安全巡查

3.6 汽车坡道雨棚施工

3.6.1 钢结构打磨除锈、涂刷防锈漆

防高坠场景	钢结构打磨除锈、涂刷防锈漆
存在风险	无可靠安全带系挂点，易导致高处坠落
预防措施	1. 在钢结构两侧拉设生命线，设置安全带挂设点； 2. 使用曲臂车配合作业； 3. 搭设可靠登高作业工具； 4. 对作业人员做好安全技术交底、警示教育

登高操作架　　　　　　　钢梁上拉设生命线

钢梁底部使用曲臂车进行作业

雨棚底部满挂水平兜网

设置生命线

3.6.2 雨棚顶部玻璃安装

防高坠场景	雨棚顶部玻璃安装
存在风险	无可靠安全防护措施，易导致高处坠落和物体打击事故
预防措施	1. 主次钢梁焊接完成后在雨棚底部满挂水平兜网； 2. 使用L形角钢，焊接在钢梁上，拉设钢丝绳，作为安全带挂设点； 3. 对作业人员做好安全技术交底、警示教育； 4. 禁止人员从下方穿行

第 4 章

施工机械设备

4.1 塔式起重机防护

4.1.1 塔式起重机操作人员上下攀爬

防高坠场景	塔式起重机操作人员上下攀爬
存在风险	无可靠安全带系挂点，易导致高处坠落
预防措施	1. 塔式起重机顶部安装防坠器； 2. 对作业人员做好安全技术交底、警示教育； 3. 推荐使用斜爬梯式标准节塔式起重机

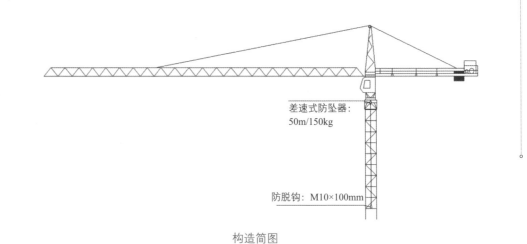

差速式防坠器：
50m/150kg

防脱钩：M10×100mm

构造简图

防坠器挂点

实施效果图

斜爬梯式标准节塔式起重机

④卸扣：T-DW2

②绳夹：TR-M12

①钢丝绳：$\phi \geqslant 8mm$

③花篮螺栓：KOOD型M≥12

构造简图

端部固定　　　　　　　　　水平生命绳

4.1.2　人员在大臂上行走

防高坠场景	人员在大臂上行走
存在风险	无可靠安全带系挂点，易导致高处坠落
预防措施	1. 塔式起重机大臂安装水平钢丝绳作为系挂点； 2. 对相应人员做好安全技术交底、警示教育

4.1.3 塔式起重机非操作人员进行攀爬

防高坠场景	塔式起重机非操作人员进行攀爬
存在风险	无可靠安全防护措施，易导致高处坠落
预防措施	1. 塔式起重机底部设置防攀爬平台； 2. 塔式起重机上部设置定型化通道，并上锁封闭

塔式起重机防攀爬装置

定型化通道

定型化通道封闭

4.1.4 塔式起重机通道、操作平台安装

设置安全绳

安全绳固定

通道搭设人员挂设安全带

附墙操作平台搭设人员挂设安全带

防高坠场景	塔式起重机通道、操作平台安装
存在风险	无可靠安全带系挂点，易导致高处坠落
预防措施	1. 确保安全带系挂点可靠； 2. 塔式起重机下方进行区域警戒； 3. 对作业人员做好安全技术交底、警示教育； 4. 作业过程中全程旁站监督

4.2 施工电梯防护

4.2.1 施工电梯安装、加节、拆除、维保

防高坠场景	施工电梯安装、加节、拆除、维保
存在风险	无可靠安全带系挂点，易导致高处坠落
预防措施	1.确保安全带系挂点可靠； 2.对作业人员做好安全技术交底、警示教育； 3.作业过程中全程旁站监管

安装作业安全带系挂　　　　　　附墙加节作业安全带系挂

拆除作业安全带系挂　　　　　　维保作业安全带系挂

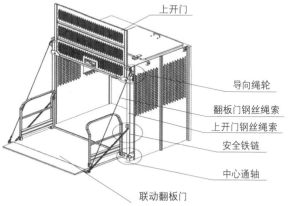

上开门

导向绳轮

翻板门钢丝绳索

上开门钢丝绳索

安全铁链

中心通轴

联动翻板门

扶手式翻板

联门一体式翻板

4.2.2　施工电梯进出楼层接料平台

防高坠场景	施工电梯进出楼层接料平台
存在风险	间距过大，易导致高处坠落
预防措施	1. 施工电梯出厂时设置扶手式翻板，严禁电梯进场后私自加装； 2. 可使用联门一体式翻板施工电梯； 3. 楼层设置前挑平台，电梯门两侧防护严密； 4. 对作业人员做好安全技术交底、警示教育

立面防护

电梯门两侧防护

4.2.3　电动设备进入施工电梯

防高坠场景	电动设备进入施工电梯
存在风险	设备未及时制动，冲出梯笼
预防措施	1.电动设备确需进入施工电梯时，应编制专项施工方案，安装电梯时防撞设施同步安装； 2.对作业人员做好安全技术交底、警示教育； 3.严禁骑乘设备进入电梯

施工电梯设置防撞铁链

施工电梯加装防撞挡杆

登高作业车伸缩护栏　　　　　　　　　机械式限高装置　　　　　　　　　激光红外线式限高装置

防高坠场景	登高作业车作业
存在风险	操作不当或安全装置失灵，易导致高处坠落、车辆倾倒
预防措施	1. 增加登高作业车限高装置（机械式、激光红外线式）； 2. 定期检查确保限高装置齐全有效； 3. 对作业人员做好安全技术交底、警示教育； 4. 作业过程做好巡查、监护

防高坠场景	曲臂车登高作业
存在风险	操作不当或安全装置失灵，易导致高处坠落、车辆倾倒
预防措施	1. 作业前必须确认车辆荷载，严禁超载作业； 2. 行驶和工作的场地应保持平坦坚实，有足够的地耐力，并应与沟渠、基坑保持安全距； 3. 确保护栏齐全可靠，作业时系挂安全带； 4. 严禁在曲臂车内架设梯子、放置垫物或用长板等物伸出作业平台外以增加作业范围； 5. 对作业人员做好安全技术交底、警示教育

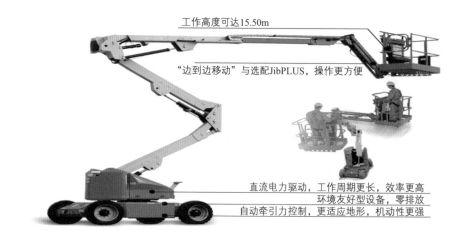

工作高度可达15.50m

"边到边移动"与选配JibPLUS，操作更方便

直流电力驱动，工作周期更长，效率更高
环境友好型设备，零排放
自动牵引力控制，更适应地形，机动性更强

曲臂车构造图

安全带系挂

实施效果

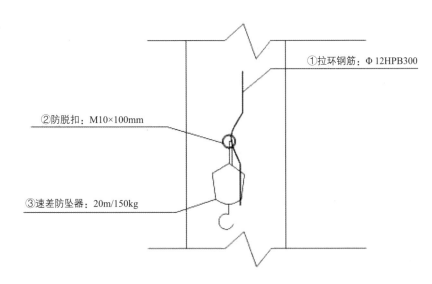

① 拉环钢筋: Φ12HPB300

② 防脱扣: M10×100mm

③ 速差防坠器: 20m/150kg

构造简图

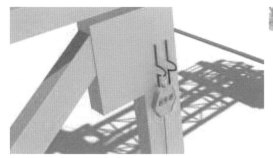

钢筋拉环和防坠器示意图

门式起重机安全带系挂点效果图

防高坠场景	操作人员攀爬门式起重机
存在风险	无可靠安全带系挂点,易导致高处坠落
预防措施	1. 焊接拉环后应对机械的钢结构进行探伤检测,每个防坠器仅供单人使用,安拆作业应优先考虑使用高空作业车; 2. 钢筋拉环应在立柱安装前设置,使用前应检查防坠器的有效性、吊绳磨损程度,并进行验收; 3. 对作业人员做好安全技术交底、警示教育; 4. 作业下方应设立警示区,设置警示标识

4.6 桥式起重机水平生命线

防高坠场景	操作人员在桥式起重机上行走
存在风险	无可靠安全带系挂点，易导致高处坠落
预防措施	1. 在桥式起重机上方安装安全绳作为安全带系挂点； 2. 对作业人员做好安全技术交底、警示教育； 3. 作业下方应设立警示区，设置警示标识

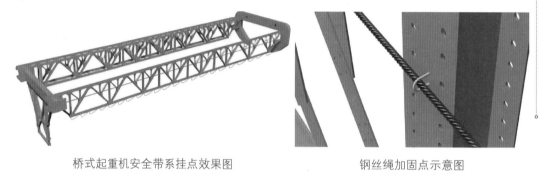

桥式起重机安全带系挂点效果图

钢丝绳加固点示意图

钢筋拉环示意图

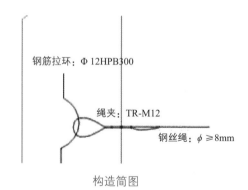

钢筋拉环：Φ12HPB300

绳夹：TR-M12

钢丝绳：$\phi \geqslant 8mm$

构造简图

第5章
建筑工程预防高处坠落安全教育

扫码看视频